二十四节气大百科

◎梦动力童书/ 著

毕竟西湖六月中，
风光不与四时同。
接天莲叶无穷碧，
映日荷花别样红。

夏

华东师范大学出版社
ECNUP
全国百佳图书出版单位

目录

二十四节气是什么？

今天感觉好热……

是呀，因为今天是大暑嘛。

这里提到的"大暑"就是二十四节气中的一个节气。二十四节气是中国传统文化的重要组成部分，在气象界被称为"**中国的第五大发明**"，并且在 2016 年被正式列入联合国教科文组织"**人类非物质文化遗产**"代表作名录。这么厉害的二十四节气到底是什么呢？

二十四节气起源于我国北方的黄河流域，这些地区的人民为了更好地适应农耕生产，长期观察黄河流域里的大自然气候、物候等季节变化规律，最终总结出一套包含地理气象和人文历史知识的体系——二十四节气，用来指导人们的生活和生产。

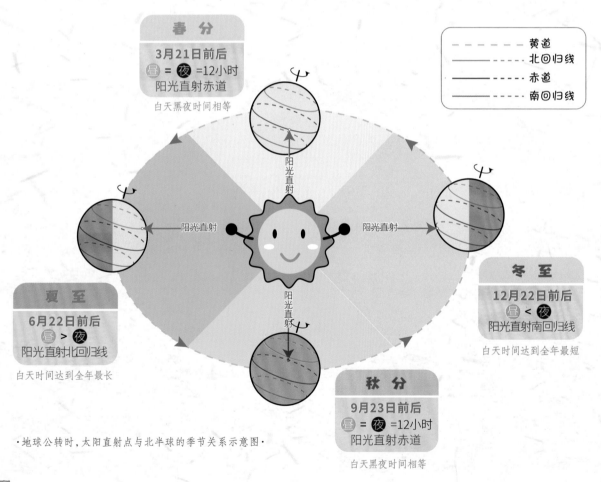

春 分

3月21日前后

昼 = 夜 =12小时

阳光直射赤道

白天黑夜时间相等

- - - - 黄道
——— 北回归线
——— 赤道
——— 南回归线

阳光直射

阳光直射

阳光直射

阳光直射

夏 至

6月22日前后

昼 > 夜

阳光直射北回归线

白天时间到全年最长

冬 至

12月22日前后

昼 < 夜

阳光直射南回归线

白天时间达到全年最短

秋 分

9月23日前后

昼 = 夜 =12小时

阳光直射赤道

白天黑夜时间相等

·地球公转时，太阳直射点与北半球的季节关系示意图·

✳✳✳✳✳✳✳✳✳✳✳✳✳

二十四节气是按照太阳直射点在黄道（地球绕太阳公转的轨道）上的位置来划分的，春分、夏至、秋分和冬至既是每个季节里位置居中的节气，也是四个在黄道上有着特殊意义的节气。太阳在不同季节直射到地球的位置是不同的。

二十四节气有哪些节气呢？

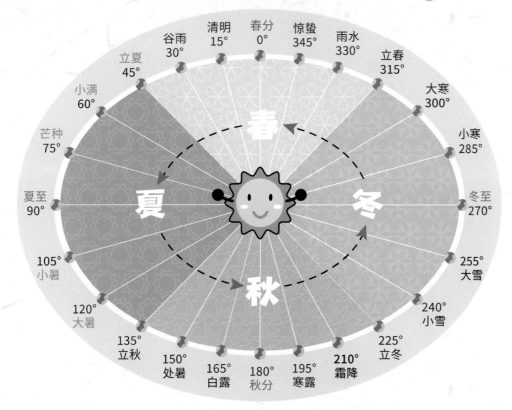

太阳直射点从春分点（即黄经 0°，黄道坐标系中的经度）出发，每运行 15° 到达下一个节气，到下一个春分点刚好旋转一周，即 360°，也就是一年，共经历 24 个节气。每个月有两个节气，每个节气间隔 15 天，而且古人还对二十四节气进行了细化——"候"，每 5 天为一候，所以每个节气会有三候，二十四节气总共七十二候。

由于二十四节气反映了地球绕太阳公转一周的运动，所以在公历的日期基本是固定的，上半年一般在 6 日和 21 日，下半年一般在 8 日和 23 日，可能相差 1—2 天。其中"立春""立夏""立秋"和"立冬"这"四立"代表着四季的起点。

为了更好地记忆二十四节气，人们编了下面这首朗朗上口的小歌谣，总结了二十四节气的名称、顺序和日期。

二十四节气歌

春雨惊春清谷天①，
夏满芒夏暑相连②。
秋处露秋寒霜降③，
冬雪雪冬小大寒④。
每月两节不变更⑤，
最多相差一两天⑥。
上半年来六廿一⑦，
下半年是八廿三⑧。

解析

①这里指春天的六个节气：立春、雨水、惊蛰、春分、清明、谷雨。
②这里指夏天的六个节气：立夏、小满、芒种、夏至、小暑、大暑。
③这里指秋天的六个节气：立秋、处暑、白露、秋分、寒露、霜降。
④这里指冬天的六个节气：立冬、小雪、大雪、冬至、小寒、大寒。
⑤这里指每个月基本固定有两个节气。
⑥这里的意思是每个节气在公历的日期基本是固定的，可能相差 1—2 天。
⑦这里的意思是上半年的节气基本在每月 6 日和 21 日。
⑧这里的意思是下半年的节气基本在每月 8 日和 23 日。

立夏 lì xià

立夏大约在每年公历 **5月5日—7日**之间，是夏季的第一个节气。立夏表示春天要结束了，夏天即将开始。这时天气越来越热，春天播种的作物已经长大了，进入生长旺盛的时期。这时雷雨天气会比较频繁，雨量也明显增多。

为什么立夏还可以看到春天的景色呢？

原来按照气候学的角度来说，日平均气温在 22℃以上才代表夏天正式开始，而此时我国大部分地区的日平均气温才在 18—20℃，还处在春季；由于南北的气温差异比较大，北方部分地区才刚刚进入春季，所以立夏能看到春景就一点都不奇怪了。

虽然春天的景色非常美丽多彩，但初夏的景色也有迷人的地方，宋朝诗人杨万里就写了首诗来描写这不一样的初夏景色：

小　池

[宋]杨万里

泉眼无声惜细流，

树阴照水爱晴柔。

小荷才露尖尖角，

早有蜻蜓立上头。

诗词赏析

　　小池的泉眼好像舍不得这泉水一样，一点一点地流淌着，细细的水流没有发出一点水声，而大树似乎很享受这晴朗的天空，把树影倒映在水面上，非常清晰。由于现在还没到盛夏时节，小荷才刚从水面上露出尖尖的一角，但是已经有一只小蜻蜓停在上头了，远看就像一幅美丽的初夏风景图。

二候　蚯蚓出

蚯蚓，以前也称为地龙，喜欢生活在潮湿的土壤中，而初夏雷雨增多，下雨时雨水会进到土壤中，让地下的空气变少，所以蚯蚓要纷纷爬到地面上呼吸新鲜空气。

一候

蝼蝈鸣

蝼蝈指的是蝼蛄，是一种小虫子，民间也叫它们"土狗子"，喜欢潮湿的环境，经常在夜间出来活动。也有人认为蝼蝈是一种褐黑色的蛙。初夏时节，蝼蛄和青蛙等动物会在田间叫个不停，似乎在告诉人们夏天要来了。

立夏三候

三候

王瓜生

王瓜又叫"土瓜""野甜瓜"等，多生长在密林或灌木丛中，可用作药材，立夏时节王瓜开始快速生长。

·尝 新·

很多地方有立夏尝新的饮食习俗，尝新就是吃时令蔬果，不同地方尝新的食物也不同，比如苏州的"立夏见三新"指的就是樱桃、青梅和麦子，而有些地方会包括竹笋。人们品尝时令食物，祈求健康吉祥。

·迎 夏·

立夏这天，古代帝王会亲自率领文武百官举行迎夏仪式，祭祀神农氏炎帝和火神祝融，以祈求丰收。迎夏的时候，所有人都要穿红色礼服、佩戴红色的玉石，就连马车和车上的旗子都是红色的。

·称 人·

立夏还有称人的习俗。吃过中午饭，人们会在村口挂起一杆大木秤，男女老少会轮流上去称体重，称人的时候会说一些祝福长寿之类的吉利话，祈求好运连连。

七家粥和七家茶。

一些地方立夏有吃七家粥和喝七家茶的习俗，七家茶是将邻居们的茶叶放到一起泡来喝，七家粥则是用大家的米，加入各色的豆子和红糖煮成一大锅粥，然后大家分着吃。

。立夏饭。

立夏饭是用赤豆、黄豆、绿豆、青豆、黑豆等豆类与米饭煮成的"五色饭"，寓意着五谷丰登。后来有些人会将五色豆子换成豌豆、胡萝卜、香菇丁、肉丁等食材，更美味更均衡。

· 立夏果 ·

立夏果又称立夏粿，是用米蒸熟后搓成的小团子，和豆芽、豆干、豌豆和虾皮一起煮成的羹，又叫立夏羹。

· 挂蛋和斗蛋 ·

夏天小孩子很容易腹胀厌食、身体乏力，传说在立夏这天挂蛋，孩子就能在夏天健康成长。这日父母会煮熟鸡蛋或鸭蛋，用丝网袋挂在孩子胸前。孩子们便一起玩起了斗蛋游戏，蛋尖的那头是蛋头，圆的那头是蛋尾，用蛋头撞蛋头，蛋尾撞蛋尾，蛋壳没有破的就算赢。

农事活动

● **早稻插秧**

　　立夏时分，雨量明显增加，江南地区到了早稻插秧的时候。插秧后要注意加强田间管理，及时施肥、防治病虫害。另外，此时雨天频繁，容易引起多种病害的流行，所以也要注意防治病虫害。

● **除草**

　　这个时节，杂草也进入快速生长的时期，所以要多锄地来除去这些杂草，同时疏松土壤，减少土壤中的水分蒸发，给农作物的生长提供有利的条件。

立夏养生

· **生活上**　立夏以后虽然炎热，但晚上睡觉时还是要注意及时盖被子，避免着凉感冒。此时天亮得更早了，人们很早会醒来，容易睡眠不足，中午最好进行午休，保证充足的精神。

· **饮食上**　天气慢慢变热，人体容易出现不适，所以饮食上要清淡，多吃新鲜蔬果，补充维生素，而辛辣油腻的食物不易消化，要少吃。

· **运动上**　运动可以帮助人体排出体内毒素，所以要经常到户外运动。剧烈运动后不要立刻大量喝水，也不要马上去洗冷水澡或者游泳，应该等身体休息好之后再进行。

· **情绪上**　天气开始变得炎热，人会容易感到烦躁、喜欢发脾气，这时可以做些安静一点的事情，比如画画、下棋、钓鱼等，保持心情舒畅。

1 和爸爸妈妈或者小伙伴一起玩"斗蛋游戏"吧，看看谁斗得赢。

2 立夏有"称人"的习俗，你也在立夏称一称自己的体重吧，然后过完夏天再称，看看自己是重了还是轻了。

立夏小谚语

❖ 立夏日晴，必有旱情。

❖ 立夏小满，江河水满。

❖ 立夏不热，五谷不结。

❖ 立夏不下雨，犁耙高挂起。

❖ 立夏蛇出洞，准备快防洪。

❖ 立夏麦咧嘴，不能缺了水。

❖ 立夏麦龇牙，一月就要拔。

❖ 立夏到夏至，热必有暴雨。

❖ 立夏天气凉，麦子收得强。

❖ 季节到立夏，先种黍子后种麻。

小满
xiǎo mǎn

小满在二十四节气中排第八，是夏季中的第二个节气，约在每年公历 **5 月 20 日—22 日**之间。这时我国大部分地区已经进入了夏季，南方和北方地区的温差逐渐缩小，天气更加炎热，部分地区甚至可能出现 35℃ 以上的高温天气，此时降雨增加，容易出现暴雨、雷雨和冰雹等极端的天气。

为什么叫"小满"而不叫"大满"呢？

原来到了这个时节，夏收作物的籽粒已经开始慢慢变得饱满，但并没有完全成熟和饱满，所以叫小满。而小满过后就到芒种，二十四节气里是没有大满这个节气的。

宋朝诗人范成大写过一组大型的田园诗，分不同的季节来生动描写田园景色和农家生活，其中有一首就描绘了这样一幅乡村夏日风景图：

四时田园杂兴（其二十五）

[宋] 范成大

梅子金黄杏子肥，

麦花雪白菜花稀。

日长篱落无人过，

惟有蜻蜓蛱蝶飞。

诗词赏析

　　树上的梅子变得金黄金黄的，杏子也越长越大，快要成熟了，此时麦花一片雪白，油菜花开始凋落，稀稀落落的。夏季的白天变长了，篱笆的影子随着太阳越升越高而变得越来越短，但篱笆旁并没有什么人经过，只有蜻蜓和蝴蝶在篱笆周围飞来飞去，非常安静。诗人写出了多彩的夏日田园风景和辛勤忙碌的人们，表达出自己对田园生活的热爱之情。

小满三候

一候

苦菜秀

苦菜是一种野菜，小满时节，苦菜进入蓬勃生长期，长势旺盛，是时候可以采摘了。苦菜根茎可以入药，有清热解毒的功效。

二候

靡草死

靡草喜欢生长在阴暗的地方，枝叶细小，而小满节气的阳光变得强烈，把这些喜欢在潮湿阴暗的地方生长的野草晒得枯死了。

三候

麦秋至

虽然小满是夏季的第二个节气，但是这时候的麦子已经开始成熟了。对于麦子来说，它的秋天已经到来，就等着农民们来收割了。农民们也会在这时注意预防灾害性天气，以免影响小麦的丰收。

传统习俗

· 祭蚕 ·

传说蚕神是在小满这天诞生的，所以小满时节有些地方会有祈蚕节。养蚕的人家会摆上酒和丰富的菜肴等来祭拜蚕神，祈求这年养蚕可以有个好收成。

· 祭车神 ·

祭车神是一项古老的小满习俗。"车"指的是水车，传说中的"车神"是一条白龙。在小满时节，人们会在车基上摆好鱼肉、白水、香烛等祭祀物品，祭祀的时候会把白水泼到田里，祈祷来年可以水源涌旺，谷物丰收。

· 小满动三车 ·

江南地区有"小满动三车"的习俗，"三车"指的是丝车、油车和水车。小满时节，蚕茧结出来了，人们可以煮茧缫丝，用丝车抽出蚕丝。同时，油菜花也结籽了，人们将油菜籽收割回来，用油车榨油。田里如果缺水，就需要人们一起踏水车，把河里的水引入农田。在这样繁忙的季节，农家就需要"动三车"了。

◦ 麦糕饼 ◦

小满对于蚕宝宝和桑叶来说都是重要的时间点，这时人们会用米粉或者面粉来做像蚕茧似的麦糕、麦饼，希望蚕茧能够丰收。

◦ 吃苦菜 ◦

苦菜营养丰富，味道甜中带苦，可以炒食或者凉拌。凉拌通常是把洗干净的苦菜用开水烫熟，加入盐、醋等调料进行凉拌，也有些人会把苦菜腌制成咸菜，非常咸脆爽口。

农事活动

● **种水稻**

　　小满也是适宜种水稻的时候，这时要及时栽种，并根据天气进行田间管理，以免误了农时。部分地区还要注意低温阴雨天气对水稻的影响。

● **果树管理**

　　小满时节要注意果树的管理，及时预防病虫害，雨后也要及时给果树清理积水，免得果树长时间泡在水里，影响收成。

● **及时通风**

　　此时天气比较炎热，温度高，雨天频繁，大棚作物要注意及时通风，避免棚内的温度和湿度过高，不利于作物生长。

小满养生

·**生活上** 小满之后，天气变得更炎热，雨水也增多，雨后和雨前的气温差异大，要注意及时增减衣物，预防感冒。另外，居住环境受到天气的影响也会变得闷热潮湿，所以要注意多开窗通风，天气晴朗的时候多晒晒被子，保持居住环境的干爽。

·**饮食上** 这个时节闷热潮湿，饮食要清淡，日常饮食可以增加一些清热祛湿的食物，如冬瓜、薏米、绿豆、黄瓜、西红柿等果蔬，多吃味道苦涩的食物，如苦瓜等，清热解毒。

·**运动上** 夏季天亮得早，这时候可以适当进行晨练，可以试试慢跑、散步等，积极锻炼，提高抵抗力，但要注意不要做剧烈运动，以免大汗淋漓。

·**情绪上** 高温天气下，人的心情会很容易烦躁，这时候要注意养好精神，调节好情绪，做一些让自己放松的事情。

趣味小活动

1. 有条件的话可以和爸爸妈妈一起养些蚕宝宝，观察一下蚕宝宝的成长过程并记录下来。

2. 到了小满，麦子开始成熟了，快来画一画成熟的麦子吧，画好后跟爸爸妈妈分享一下。

小满小谚语

❖ 小满小满，麦粒渐满。

❖ 小满天天赶，芒种不容缓。

❖ 小满不起蒜，留在地里烂。

❖ 小满芝麻芒种豆，秋分种麦好时候。

❖ 小满有雨豌豆收，小满无雨豌豆丢。

❖ 大麦不过小满，小麦不过芒种。

❖ 小满十八天，青麦也成面。

❖ 小满麦渐黄，夏至稻花香。

芒 máng 种 zhòng

芒种在公历 **6 月 5 日—7 日**之间，这时气温升高明显，天气非常闷热，降水多，空气变得很潮湿。芒种前后，长江中下游地区先后会出现一段持续较长的阴沉多雨天气，称为"梅雨"，长时间日照少，开启了一年中降水量最多的时节。当梅雨时节结束后，盛夏就开始了。

"芒种"真的很忙吗？

芒种的寓意包含"芒"和"种"。"芒"指大麦、小麦等有芒作物已经成熟，可以进行收割了，"种"指玉米、花生、红薯等谷黍类作物可以开始播种了。"芒种"的读音又刚好与"忙种"一致，农民既忙着收又忙着种，所以芒种是一个非常忙碌的时节。

21

阴雨连绵，刚好是梅子黄熟的时候，所以也叫"梅雨"。这个时节，南宋诗人赵师秀约了好友来家中下棋，但是朋友失约了，于是有了下面这首诗：

约 客

[宋] 赵师秀

黄梅时节家家雨，

青草池塘处处蛙。

有约不来过夜半，

闲敲棋子落灯花。

诗词赏析

梅子黄熟了，看来又到了阴雨连绵的梅雨时节，家家户户都笼罩在雨雾中，长满了青草的池塘时不时传来一阵阵蛙叫声。都已经午夜了，等了那么久还没等来已经约好的友人，只好无聊地敲着棋子，敲着敲着却震落了油灯灯芯烧完后结成的灯花。诗人用简单的语言描绘出了乡村夏季最常见的梅雨景色。

一候

螳螂生

螳螂一般将卵产在树枝表面，去年秋天产下的卵到了芒种时节生出了小螳螂。螳螂是肉食性昆虫，会捕食各种小昆虫，也帮助人们消灭了不少害虫。

二候

鵙（jú）始鸣

鵙是伯劳鸟，成语"劳燕分飞"中的"劳"，指的就是伯劳鸟。这种鸟生性凶猛，喜欢吃昆虫、小鸟、青蛙和蜥蜴等。芒种时节，喜阴的伯劳鸟开始在枝头出现，发出鸣叫。

芒种三候

三候

反舌无声

反舌鸟非常机灵，善于模仿其他鸟类鸣叫，而它自己本来的叫声也非常好听，但这个时节反舌鸟感受到了梅雨天的阴气，就不叫了。

· 吃青梅 ·

青梅在芒种前后已经熟透，含有多种有机酸和丰富的矿物质，有利于增强人体免疫力。但刚摘下的青梅味道十分酸涩，很难直接吃，所以要清洗后加水煮开，把酸味去掉。煮熟的青梅可以加糖腌渍，也可以放入酒中煮。《三国演义》中就有"煮酒论英雄"的故事。加工后的青梅可以做成各种梅类食品，如乌梅、白梅、盐梅等，还可以做成梅酱和梅子水。

· 送花神 ·

五六月百花开始凋谢，民间旧时有送花神的习俗，花神指的是在花朝节上迎来的花神。在芒种日，人们会举行祭祀仪式，为花神践行，并对花神表示感激，期望来年再相会。

· 安 苗 ·

芒种时节是夏种大忙的开始，农民种完水稻，希望到秋天能获得丰收，于是就有了"安苗"的农事习俗活动，以此祈求幼苗平安。人们会用新麦面蒸发包，做成五谷六畜、瓜果蔬菜等形状，然后用蔬菜汁染上各种颜色，用于拜祭，祈求五谷丰登。

每年的农历五月初五是端午节，在芒种时节前后，又叫端阳节、龙舟节，是中国的传统节日。相传这个节日是为了纪念战国时期楚国的爱国诗人屈原。当时屈原的意见没有被楚王采纳，而且他还遭到小人陷害，被赶出了都城，流放在外。后来楚国要灭亡，屈原非常心痛，于是在农历五月初五这天跳进了汨罗江，结束了自己的生命。后来，人们纷纷通过各种习俗来纪念这位伟大的爱国诗人。

端午的习俗非常丰富，人们会在这天赛龙舟、吃粽子、挂艾草、喝雄黄酒等。其中吃粽子这个习俗是大家最熟悉的，粽子的口味多种多样，有咸有甜，现在每到端午节都可以看到大街上在售卖各种粽子。端午节的影响力很大，甚至其他国家和地区也有庆贺端午节的活动。

农事活动

●收割小麦

　　天气的变化会影响小麦的产量，芒种时节有时会遇到大风、暴雨等极端天气，严重影响收割，所以要时刻关注天气的变化，抓紧有利时机，及时收割小麦。

●及时播种

　　收割完麦子后，玉米、花生、红薯等谷黍类作物越早播种越好，保证作物有足够的生长期，有些播种得太迟甚至成熟不了，所以为了确保作物产量，要抓紧播种。

●注意梅雨

　　雨水适中有利于农作物的生长，梅雨太少的话，农作物容易发生干旱，而梅雨太多的话，又容易造成洪涝灾害，所以除了收割和播种，也要注意田间农作物的水量管理。

芒种养生

·生活上 进入梅雨季节后，天气闷热潮湿，衣服等物品容易发霉，所以也叫"霉雨"。梅雨季节容易滋生蚊虫和传播疾病，这时要注意室内通风，防止物品发霉。

·饮食上 这个时节暑气湿热，饮食以清淡为主，多吃一些帮助消暑的当季蔬菜和水果，比如桑葚、西瓜等，补充人体所需的维生素，提高自身的抗病能力。

·运动上 夏日炎炎，白天日晒强烈，这时出门锻炼容易中暑，可以等到傍晚太阳下山后再进行运动，而且要注意运动前做好充分的热身，不要做太剧烈的运动。

·情绪上 芒种时节天气炎热，再加上梅雨季节，人们容易闷闷不乐或者发脾气，这时更要调节好自己的情绪，保持轻松愉快的心情，有利于身体健康。

趣味小活动

1 动动手，把了解到的端午节习俗画下来，并做成一张端午节小卡片送给爸爸妈妈吧。

2 《三国演义》里的"煮酒论英雄"到底是一个怎样的故事呢？快请爸爸妈妈讲讲吧。

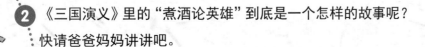

芒种小谚语

❖ 芒种芒种，连收带种。

❖ 芒种忙，麦上场。

❖ 芒种不种高山谷，过了芒种谷不熟。

❖ 麦收有三怕：雹砸、雨淋、大风刮。

❖ 麦在地里不要笑，收到囤里才牢靠。

❖ 麦收时节停一停，风吹雨打一场空。

❖ 吃了端午粽，寒衣不可送。

❖ 芒种南风扬，大雨满池塘。

❖ 芒种怕雷公，夏至怕北风。

夏至

<ruby>夏<rt>xià</rt></ruby> <ruby>至<rt>zhì</rt></ruby>

夏至一般在每年公历 **6 月 20 日—22 日**之间，是被最早确定的节气之一，"至"是极致的意思。这天太阳直射点到达一年的最北端，几乎直射北回归线，北半球的白天时间达到一年最长，但夏至一过，太阳直射点逐渐向南移动，白天就一天比一天短了。

夏至是最热的时候吗？

俗话说"夏至不过不热"，夏至这天还不是一年中最热的时候，在夏至过后的一段时间内，太阳辐射到地面的热量仍然远远大于地面向空中散发的热量，所以气温还会继续升高。这时地面受热强烈，空气对流比较旺盛，午后到傍晚经常会有雷阵雨，这种雷阵雨一般来得快去得快，下雨范围也比较小。

唐代大诗人刘禹锡根据自己喜欢的民歌写了两组《竹枝词》，其中一首就通过优美的诗句表现出了这个时节似晴似雨的天气特点：

竹枝词（其一）

［唐］刘禹锡

杨柳青青江水平，

闻郎江上唱歌声。

东边日出西边雨，

道是无晴却有晴。

诗词赏析

江边的杨柳垂着细长翠绿的枝条，拂扫着堤岸，江水轻轻地流动着，非常平静。此时水面上还行驶着一只小船，忽然传来了有人唱歌的声音。这个季节的天气一会儿晴一会儿雨的，东边出着太阳，西边却下着雨，这种天气真不知道应该说是晴天还是雨天了，让人捉摸不定。

夏至三候

一候

鹿角解

　　鹿角的再生能力很强，每年都会再生，在夏至前后，鹿角会自然脱落，不久之后会再次长出新的角，这是自然界万物更替的现象。

二候

蜩（tiáo）始鸣

　　蜩指的是蝉，也叫知了，每到炎炎夏日，就会听到蝉叫个不停，这些发出叫声的是雄性的蝉，雌性的蝉并不会叫。

三候

半夏生

　　半夏是一种草药，一般生长在夏至前后，在阴凉的沼泽、水田和草丛里都可以看到它。半夏长在地下的块茎经过处理后具有化痰止咳的功效，但本身有一定的毒性，需要在医生指导下使用。

传统习俗

·祭神祭祖·

夏至有祭神祭祖、庆祝丰收的习俗。人们会把刚收获的米和麦做成粥，让祖先尝新，还会准备好祭品来祭祀神明，企盼能消除灾祸，风调雨顺，保佑接下来会有个好收成。

·石 榴·

石榴花期在5—6月，夏至时节石榴花正红，人们喜欢在这时观赏石榴花。石榴花有红色和白色，有活血止血、收敛止泻的功效。石榴的果期在9—10月，它的味道酸甜可口，营养丰富，富含维生素C。

·测日影的方法·

古人用"立杆测影"的方法来测量节气。圭表是利用正午日影进行测量的一种古代天文仪器，垂直于地面的直杆叫"表"，水平放置在地面上、刻有刻度的标尺叫"圭"，用来测量影长。

季节不同，正午太阳的高度也不同。经过长期反复地观测正午日影，确定了一年中影子最长和最短的位置。夏至日，正午太阳高度最高，投射的杆影最短；冬至日，正午太阳高度最低，投射的杆影最长。

·夏至吃面·

·麦芽饼和麦芽粥·

用新麦芽磨成粉，并加入糯米粉揉成面皮，用豆沙猪油、玫瑰猪油等做馅料，做成扁圆形状的饼蒸熟，就是麦芽饼了。麦芽粥指的是用新麦芽和糯米一起煮的粥，口味可以做成甜的，也可以做成咸的。

中国民间有"冬至饺子夏至面"的说法，夏至面也叫入伏面，而这个时节又刚好是麦子丰收的时候，所以夏至吃面也有尝新的寓意。夏至面通常会做成凉面，帮助大家在天气炎热时降温开胃，提醒大家要防暑。

·麦粽与夏至饼·

夏至这天，有些地方会吃麦粽，还会将它作为礼物互相赠送。此外，人们还会在这个时节擀面做薄饼，然后烤熟，并夹着青菜、豆腐、腊肉等，称为"夏至饼"，祭祖之后可以食用或者送给亲朋好友。

农事活动

● 农田管理

　　夏至时节，天气炎热，白天时间长，光照充足，降雨增加，有利于夏天播种的作物的生长，要及时灌溉施肥，不过此时杂草、害虫等也会多起来，要注意加强农田管理，及时除草、防治害虫。

● 防洪工作

　　夏至时节，雨天频繁，雨水显著增加，部分地方容易发生洪涝灾害，除了加强农田管理，更要提前做好防洪准备。

夏至养生

·**生活上** 这个时节白天时间比较长，可以适当晚睡早起，但睡觉时不要直接对着风扇或空调来吹，白天外出时也要注意多加强防护。

·**饮食上** 随着气温升高，人的出汗量也增多，流失的水分也会多。这时可以适量喝些绿豆汤、淡盐水等，给身体补充水分。还要注意不能吃太多冷饮，容易伤脾胃。

·**运动上** 运动时尽量选择早晨或者傍晚，这些时段的天气没有那么炎热，运动的项目建议以散步、慢跑、广播操等为主，以防出汗过多。

·**情绪上** 天气热了容易烦躁，但烦躁了会更加热，所以要注意调养精神，多静坐，平复心情，正所谓"心静自然凉"。

趣味小活动

1 天气炎热的时候，和爸爸妈妈一起做一顿凉面来消消暑吧。

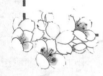

2 选个有阳光的日子，观察在不同时间段下，自己的影子是怎么变化的。

夏至小谚语

❖ 夏至东风摇，麦子水里捞。

❖ 夏至风从西边起，瓜菜园中受熬煎。

❖ 夏至落雨十八落，一天要落七八砣。

❖ 夏至东南风，平地把船撑。

❖ 夏至有雨三伏热，重阳无雨一冬晴。

❖ 芒种栽秧日管日，夏至栽秧时管时。

❖ 冬至始打霜，夏至干长江。

❖ 日长长到夏至，日短短到冬至。

❖ 夏至雨点值千金。

小暑

xiǎo

shǔ

"暑"是热的意思，小暑就是小热，指天气更加炎热，但还不到最热的时候。小暑一般在每年公历 **7 月 6 日—8 日**之间，标志着江南地区的梅雨季基本结束，大部分地区开始进入"三伏"时节。"三伏"指的是初伏、中伏和末伏，是全年最热的时段，初伏为 10 天，中伏为 10 天或 20 天，末伏为 10 天，小暑一般在初伏左右。三伏天大约出现在每年的 7 月中旬到 8 月中旬，这个时节气温高、湿度大，非常闷热。

夏至的日照时间最长，小暑时节日照时间开始缩短了，为什么天气还越来越热？

因为太阳直射点虽然逐渐在往南移动，但夏至才刚过不久，太阳仍然是直射北半球的，此时地表吸收的热量多，散发的热量少，所以大部分地区的气温还是会越来越高。

南宋诗人杨万里写了首诗来描绘在一个炎炎夏日的夜晚，自己是怎样去"追寻凉爽"的：

夏夜追凉

［宋］杨万里

夜热依然午热同，

开门小立月明中。

竹深树密虫鸣处，

时有微凉不是风。

想不到已经深夜了，天气还是和中午一样那么热，只好打开门到外面的月光下站一会儿乘乘凉，四周安安静静的，远处茂密的竹林和树丛里传来一阵阵虫叫，站着站着偶尔会感到一丝丝清凉，但是并不是有风吹过来，大概是因为静下来自然就没有那么热了吧。

二候

蟋蟀居宇

蟋蟀，也叫蛐蛐，古代也称为"促织"，一般栖息在草丛、土穴、砖石这些地方，喜欢夜间出来活动。天气太热了，蟋蟀只好躲到屋檐或墙角下避暑热去了。

一候

温风至

随着小暑时节的到来，天气变得异常闷热，就连迎面吹来的风也都是热乎乎的，不再感到一丝凉快。

小暑三候

三候

鹰始鸷（zhì）

鸷是凶猛的意思。天气太热了，老鹰也不愿经常待在鹰巢里，而是在清凉的高空中飞翔。这时，老鹰也会带着自己的孩子在高空中飞着，训练小鹰的飞翔技能。训练时，老鹰会把小鹰从高空中放开，让小鹰在往下掉的过程中拼命扑腾着翅膀学习飞翔。

传统习俗

·晒　伏·

天气晴朗的时候气温高，阳光辐射强，适合晾晒东西，所以人们会趁这个时候把家里的衣物、被子、家具、书籍等物品拿出去暴晒，去除湿气，预防蛀虫。

·吃饺子·

天气变得炎热起来了，人们容易没有食欲，摄入营养不够，而饺子可以开胃解馋，因此初伏有吃饺子的习俗。

· 吃伏羊 ·

有些地方有小暑吃羊肉的传统习俗，这个时节吃羊肉可以帮助排汗排毒，排出体内的湿气，而夏季人体代谢旺、营养消耗大，想要进补就可以选择羊肉。几户人家一起做一锅羊肉，围着喝碗羊肉汤、吃羊肉，是农户难得的夏闲时光。

· 食新 ·

在民间，小暑过后人们要吃新麦、黍，尝新酒。新米相对于旧米来说，营养物质几乎没有流失，更能为人体补充营养。人们把新割的麦、黍，煮成香喷喷的面食供奉五谷大神和祖先，此外，还会买新上市的蔬菜水果等，然后大家一起尝新。

农事活动

●防旱

　　这个时节，有些地区会高温少雨，经常会出现"伏旱"天气，很容易引发干旱，这时要注意加强田间的防旱工作，提前蓄水。

●抗虫

　　严重的干旱可能引发蝗灾，蝗虫会破坏农作物，影响收成，要注意采取有效措施来防治蝗灾，比如喷洒药剂或者放养鸡、鸭等蝗虫的天敌。

小暑养生

·生活上 这时正值高温酷暑，容易中暑，外出时要做好防暑工作，多喝水，避免在午后最热时出门，而出门时要做好防晒，带上遮阳伞或者戴好遮阳帽。

·饮食上 饮食以清淡为主，少吃辛辣油腻的食物，可以喝一些绿豆粥来清热解毒，蔬果方面可以选择绿叶菜、苦瓜、西瓜等来进行消暑，但要注意不能一次性吃太多，容易影响肠胃功能。

·运动上 游泳是一项既能消暑又能锻炼身体的运动，适合炎热天气进行。另外还可以选择健走，速度比散步快，但比跑步慢，这种方式比较简单，运动量适中，有助于锻炼腿部肌肉、增强心肺功能。

·情绪上 天气闷热，心情比较容易烦躁，经常会没什么精神，此时可以做一些自己喜欢的又比较舒缓的事情，放松下情绪，让身体缓和下来。

趣味小活动

1 和爸爸妈妈一起包一顿饺子吧，可以尝试把饺子包成不同的形状，看谁包得最好看。

2 蟋蟀是怎样叫的呢？请爸爸妈妈和你一起比赛模仿蟋蟀的叫声吧，比比谁学得最像。

小暑小谚语

◆ 小暑惊东风，大暑惊红霞。

◆ 小暑不热，五谷不结。

◆ 小暑收大麦，大暑收小麦。

◆ 小暑过，一日热三分。

◆ 小暑热得透，大暑凉飕飕。

◆ 大暑小暑，有米懒煮。

◆ 棉花入了伏，三天两头锄。

◆ 伏里种豆，收成不厚。

◆ 小暑不栽薯，栽薯白受苦。

◆ 小暑种芝麻，当头一枝花。

大 _{dà} 暑 _{shǔ}

大暑是夏季的最后一个节气，在每年公历 **7 月 22 日—24 日**之间。这时处在三伏天的中伏前后，比小暑更加热，是一年中最热、光照最强的时候，农作物的生长速度也是最快的，但经常会有雷雨出现，各种灾害也变得频繁。

大暑真的很热吗？

这个时节，我国大部分地区干旱少雨，气温高达 35℃以上，还有的甚至达到 40℃，天气酷热。而我国最炎热的地方是新疆维吾尔自治区的吐鲁番盆地，当地日照充足，炎热干燥，超过 40℃以上的高温天气十分常见，因此有"火洲"之称。

炎热的夏天还是荷花盛开的时节，美丽的荷花、茂盛的荷叶为夏天增添了一道美丽的风景线，南宋诗人杨万里就描绘了一幅绝美的夏日荷花图：

晓出净慈寺送林子方（其二）

[宋]杨万里

毕竟西湖六月中，

风光不与四时同。

接天莲叶无穷碧，

映日荷花别样红。

诗词赏析

　　西湖盛夏的景色与其他季节并不一样，有着自己独特的美。放眼看过去，翠绿的荷叶层层叠叠，几乎铺满了水面，一直延伸到远处的天边，似乎与天相接，让人仿佛身在无边无际的绿色中。灿烂的阳光倾泻下来，照射在亭亭玉立的荷花上，荷花就显得更加娇红艳丽了。这种令人惊叹的美景在其他季节是看不到的，只属于荷花盛开的夏季。

二 候

土润溽（rù）暑

"溽"是潮湿的意思，这个时候大地吸收的热量多于散发的热量，天气十分闷热，湿气浓重，地表湿度大，所以土地很潮湿，像一个蒸笼一样又湿又热。

一 候

腐草为萤

"萤"指的是萤火虫，萤火虫喜欢将卵产在枯草上，到了大暑时节，这些卵已经长大了，最终蜕变成了萤火虫，在夏夜里的草丛中飞来飞去，发出点点亮光，所以古人就以为萤火虫是腐草变成的。

大暑三候

三 候

大雨时行

大暑时节的天气不稳定，时常会有大雷雨出现，大雨在一定程度上缓解了暑热，天气变得没那么闷热了。

传统习俗

·斗蟋蟀·

"斗蟋蟀"也叫"斗蛐蛐""斗促织",这个时节田野会出现很多蟋蟀,所以有些地方的人们喜欢玩斗蟋蟀的游戏。

·送大暑船·

部分地方有大暑送"大暑船"的活动,这个习俗已经有几百年的历史了。大暑这天,渔民们会抬着专门建造的"大暑船"送往码头,船上装着各种各样的祭品,一路上敲锣打鼓,到达码头后会进行祈福仪式,祈求生活安康。

·吃凤梨·

"凤梨"就是人们常说的"菠萝",中国台湾地区的人们觉得这个时节的凤梨最好吃,所以大暑有吃凤梨的习俗。另外,凤梨的闽南语发音与"旺来"相似,寓意着平安吉祥。

·过大暑·

大暑的时候,部分地方会有吃羊肉、吃荔枝的习俗,俗称"过大暑"。这天,人们会把羊肉、荔枝等作为礼品送给亲朋好友。

·吃仙草·

广东很多地方有大暑吃仙草的习俗。仙草又叫凉粉草,把凉粉草的茎和叶晒干后可以做成烧仙草。它是一种非常受欢迎的夏日消暑甜品,有清热解毒的功能。

农事活动

● **收早稻**

　　大暑时节刚好是一些地区的早稻成熟期，此时应当根据天气变化及时收割早稻，以便减少后期突然来临的风雨所造成的危害，保证水稻的收成。

● **种蔬菜**

　　这个时节最适合种蔬菜，已出苗的蔬菜则要注意适当灌溉，预防炎热天气带来了干旱，影响蔬菜的收成和品质。

大暑养生

· **生活上** 天气炎热容易影响到人们的睡眠，有时会出现很难入睡或者失眠的情况。为此应该合理安排作息时间，保证充足的睡眠，中午最好进行午休，有利于保持充沛的精力，增强免疫力。另外，高温天气下容易中暑，所以每天要多喝水，补充身体所需的水分。

· **饮食上** 此时要以清淡、容易消化的食物为主，可以多吃些苦瓜、苦菜等苦味食物，喝些绿豆汤，有利于增进食欲、清热解暑。

· **运动上** 这个时节，白天的气温非常高，户外运动最好不要选择在白天，可以选在清晨和傍晚，或者进行适当的室内运动，比如瑜伽等，锻炼时要把握好运动强度，量力而行。

· **情绪上** 炎热的夏季容易让人产生暴躁、焦虑的情绪，除了保持充足睡眠，还可以听些舒缓的音乐，看看自己喜欢的书或者电影等，让自己的心情得到放松。

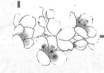

趣味小活动

1 "接天莲叶无穷碧，映日荷花别样红。"这句诗描写的夏日景色真美！请你把它画下来送给爸爸妈妈吧。

2 夏日小歌手：你知道有哪些歌曲是写夏天的吗？找出来并唱给爸爸妈妈听吧。

大暑小谚语

❖ 大暑热不透，大热在秋后。

❖ 大暑展秋风，秋后热到狂。

❖ 大暑连天阴，遍地出黄金。

❖ 大暑无酷热，五谷多不结。

❖ 小暑吃黍，大暑吃谷。

❖ 小暑大暑不热，小寒大寒不冷。

❖ 小暑不见日头，大暑晒开石头。

❖ 小暑大暑，有米不愿回家煮。